Début d'une série de documents
en couleur

COUVERTURES SUPERIEURE ET INFERIEURE D'IMPRIMEUR.

**Fin d'une série de documents
en couleur**

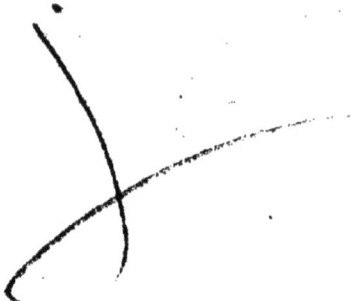

LA POUDRE.

7e SÉRIE IN-12.

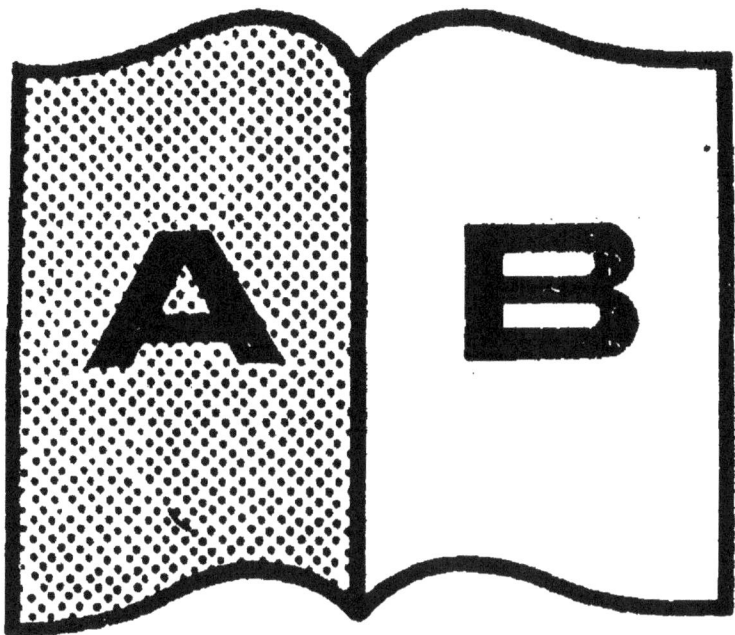

Contraste insuffisant

NF Z 43-120-14

LA POUDRE.

C'est une chose terrible de voir des bataillons renversés par l'artillerie. (P. 25.)

LA

POUDRE

SON ORIGINE ET SES TERRIBLES EFFETS

EXPLIQUÉS AUX ENFANTS

TRADUIT

DU CHANOINE SCHMIDT.

LIMOGES

EUGÈNE ARDANT et Cie, ÉDITEURS.

LA
POUDRE

—◆◆❖◆◆—

CHAPITRE PREMIER.

Par une belle matinée de prin-
temps, les deux jeunes fils du
comte de Saint-Remy, Paul et
Gustave, sortirent avec leur précepteur pour faire une excursion
dans les montagnes qui s'éle-
vaient en amphithéâtre à peu de
distance du château. Ces enfants
étaient vifs et avides de s'instruire; leur maître était un hom-

me plein de science et de juge-
ment, qui savait donner un but
utile à leurs promenades et faire
tourner leurs plaisirs mêmes à
leur instruction.

Après s'être arrêtés un moment sur le sommet d'une colline d'où l'œil s'étendait au loin
sur la plaine, ils prirent un étroit
sentier creusé dans le roc pour
se rendre à un petit village qu'ils
apercevaient au fond d'une fraî-
che vallée. Mais à peine avaient-
ils fait quelques pas pour y des-
cendre, qu'ils virent à leur droite
quelques ouvriers s'éloigner
tout-à-coup d'une carrière autour de laquelle ils travaillaient.
Ces hommes couraient à grands

pas, en s'appelant et en se fai-
sant signe les uns aux autres,
comme s'ils eussent voulu fuir
la poursuite de quelque ennemi
ou la menace de quelque danger.

M. Baude, c'est le nom du
précepteur, ne comprit pas d'a-
bord ce qui causait la fuite sou-
daine de ces ouvriers. Il continua de marcher tranquillement
avec ses deux élèves, sans pen-
ser le moins du monde à éviter
la carrière qui se trouvait sur
leur chemin. Mais à peine eu-
rent-ils fait cinquante pas dans
cette direction, que ces bonnes
gens les appelèrent de toutes
leurs forces en leur criant de ne

pas aller plus loin et d'accourir sur la colline où ils s'étaient réfugiés. M. Baude jugea qu'il était prudent de suivre ce conseil, quoiqu'il n'eût aucune idée du danger qui le menaçait lui et ses élèves.

Au moment même où ils achevaient de gravir la colline, une détonation terrible se fit entendre; frappés comme d'un coup de foudre, ils chancelèrent un instant; puis, en tournant les yeux vers l'endroit d'où venait ce grand bruit, ils virent parmi des nuages de fumée des masses énormes qui retombaient avec fracas sur les flancs de la montagne. Alors un des ouvriers

s'approcha d'eux et leur expliqua ce qui venait de se passer.
C'étaient d'immenses blocs de
pierre qu'il avait fallu tirer de la
carrière profonde où on les avait
taillés. Pour abréger cette opération, qui eût été fort longue
et fort difficile avec les moyens
ordinaires, on avait employé la
mine, c'est-à-dire qu'on avait
mis sous ces masses des sacs de
poudre qui, en prenant feu, les
avaient lancées à la surface du
sol.

La curiosité des enfants fut
vivement excitée par ce qu'ils
venaient de voir; ils prièrent
M. Baude de les conduire où les
ouvriers se rendaient en foule

pour juger de l'opération : le précepteur y consentit bien volontiers. Quand ils virent de près les masses prodigieuses que l'explosion de la mine avait fait jaillir du sein de la montagne, ils furent frappés de surprise et d'admiration. Les mineurs qui se trouvaient présents leur expliquèrent avec beaucoup de complaisance la manière dont on s'y était pris pour opérer ce résultat, la disposition de la mine, la quantité de poudre qu'on y avait mise, et les précautions infinies avec lesquelles on l'avait allumée pour prévenir les accidents. Ces détails intéressèrent vivement les deux jeunes

garçons : mais ils se deman-
daient toujours quelle était cette
puissance cachée dans la poudre
à canon qui pouvait produire de
pareils effets.

— La poudre à canon, leur
dit un vieux mineur, m'a toujours semblé un des plus forts
instruments que l'homme ait re-
çus de Dieu pour gouverner le
monde soumis à sa puissance.
Ses effets ne m'étonnent plus
parce que j'y suis accoutumé
depuis longtemps ; mais lorsque,
après une opération comme celle
que vous venez de voir, je m'as-
sieds pour me reposer de la fa-
tigue et de l'émotion qu'elle m'a
causées, je ne puis m'empêcher

de réfléchir avec une espèce de terreur sur cette force terrible dont je dispose.

Je vois le bien et le mal que ce redoutable agent peut produire; moi, par exemple, je l'emploie à tirer du sein de la terre ces blocs qui servent à bâtir des villes; mais, employé par d'autres mains, il fait sauter des villes tout entières et les arrache de leurs antiques fondements. Je vous avoue que ces réflexions me troublent. La poudre à canon met à la disposition d'un seul homme une puissance incalculable; elle abrége ses travaux et lui fait exécuter des choses qui, autrement, seraient impossibles : mais à côté du bien je vois le mal et je me demande si, tout compté, c'est pour son bonheur ou pour son malheur que l'homme a fait cette découverte.

— En effet, brave homme, reprit M. Baude, cette question s'offre naturellement à l'esprit, quand on considère les divers usages de la poudre. Mais je crois qu'il suffit d'une réflexion bien simple pour dissiper toute espèce de doute à cet égard : ce qui ne produit que du mal ne saurait être bon. De même une chose qui est susceptible de produire du bien ne saurait être condamnée comme mauvaise en elle-même, quoique souvent la folie ou le crime s'en servent pour le malheur des hommes. La poudre est dans ce dernier cas; on ne peut nier qu'elle n'ait rendu et ne rende tous les jours d'importants services; voilà son usage naturel et son emploi légitime; il est incontestable aussi qu'elle cause des malheurs, et voilà ses abus; mais de quoi l'homme n'abuse-t-il pas? il faudrait condamner les meilleures choses du monde si l'on voulait ne considérer que certaines applications qui en ont été faites par des mains coupables. La poudre en elle-même est une force, c'est-à-dire un moyen d'action sur la nature matérielle, un instrument, une puissance dont l'homme dispose à son gré, pour le bien ou pour le mal, sauf à répondre de l'usage qu'il en fait. Si nous étions tous honnêtes et vertueux, la poudre ne servant qu'à des œuvres justes, serait une des meilleures choses qu'il y eût au monde; mais puisqu'on l'emploie aussi quelquefois pour le malheur des hommes, il faut dire simplement que c'est une très bonne chose dont nous avons malheureusement le pouvoir d'abuser. Le fer et le feu sont aussi deux choses infiniment utiles et nécessaires à la vie humaine; cependant le feu dévore souvent des villes entières, et le poignard qui tue l'homme est fait de la même matière que le soc de la charrue qui le nourrit en fécondant les campagnes. L'essentiel est que chacun demande à Dieu la grâce de n'user jamais que pour le bien de ses semblables des forces qu'il a entre les mains.

— Sait-on au juste, Monsieur, reprit le vieux mineur, à qui le monde est redevable de cette invention? Je crois qu'on a fait là-dessus bien des contes; on m'a parlé d'un moine allemand.

— De Berthold Schwartz, dit

M. Baude; mais c'est une histoire peu certaine : d'abord on n'est pas d'accord sur la personne même de ce Berthold, ni sur l'endroit de sa naissance, ni sur le lieu et sur le temps de sa découverte. Suivant quelques-uns, Berthold était un moine de Fribourg en Brisgau; suivant d'autres auteurs, c'était un franciscain de Mayence ou de Nuremberg. Quant à la ville où il fit sa fameuse expérience, les habiles sont incertains entre Gosslar dans la Basse-Saxe, et Cologne sur le Rhin. Même incertitude pour le temps; les dates varient de 1318 à 1400. Du reste, voici comme on s'accorde généralement à raconter le fait même de la découverte : ce Berthold Schwartz, grand amateur de chimie, se livrait alors, comme beaucoup d'autres, à la recherche de la pierre philosophale, c'est-à-dire qu'il voulait trouver le secret de faire de l'or par la transmutation des métaux. Un jour il avait pilé dans un mortier de fonte les diverses substances qui servent à composer la poudre : du soufre, du charbon, du salpêtre, puis il avait recouvert le tout d'une pierre, sans s'en inquiéter autrement. Une étincelle ayant jailli d'un fourneau voisin, tomba dans le mortier; le mélange s'enflamma, et la pierre qui servait de couvercle fut lancée au plancher avec tant de force qu'elle se brisa en mille pièces. C'est à ce hasard heureux qu'on doit, dit-on, l'invention de la poudre.

Cependant, comme je vous l'ai dit, cette origine est contestée : on attribue la même découverte à un autre moine appelé Roger Bacon ; quelques auteurs vont jusqu'à prétendre que l'inventeur, quel qu'il soit, de la poudre à canon, paya de sa vie ce fatal honneur. Ce sont des choses sur lesquelles il est difficile d'acquérir une entière certitude.

Il paraît même probable que

ni Roger Bacon, ni Berthold Schwartz, ni aucun autre chimiste ou alchimiste du même temps, ne fut le véritable inventeur de la poudre. Longtemps avant cette époque on parle d'une composition qui servait à l'exploitation des carrières. Il est possible seulement que le mortier de Berthold Schwartz et la pierre qui fut lancée en l'air par l'explosion du mélange aient donné l'idée d'appliquer la poudre à l'art de la guerre; car on sait que les premières armes à feu étaient des mortiers qu'on chargeait avec des boulets de pierre, et qui se nommaient aussi pour cette raison des pierriers. Les canons, les fusils, les carabines, les boulets de fonte et les balles de plomb ne furent employés que longtemps après. Mais, pour ce qui est de l'invention de la poudre, il est difficile d'en assigner l'auteur et le temps; peut-être même est-il permis de croire que cette découverte n'appartient pas à l'Europe; car on sait que l'usage de la poudre était commun à la Chine plusieurs siècles avant qu'il en fût question dans la partie du monde où nous vivons.

Ces détails et d'autres que M. Baude ajouta furent écoutés avec un vif intérêt. Les ou-

vriers retournèrent à leurs travaux, et le précepteur continua
sa promenade avec ses élèves.

CHAPITRE II.

Quand un objet nouveau avait
éveillé la curiosité des deux
enfants que M. Baude était
chargé d'instruire, ils ne ces-
saient de le questionner à cet
égard, qu'après en avoir acquis
une parfaite connaissance; c'é-
tait le précepteur lui-même qui
leur avait fait prendre cette

excellente habitude. Il ne faut donc pas s'étonner si la poudre à canon fut le sujet de leur entretien pendant toute la promenade.

— La poudre, leur disait-il, ne sert pas seulement à tirer du sein des montagnes d'énormes blocs de pierre que toutes les forces humaines et toutes les combinaisons de la mécanique ne pourraient soulever qu'avec beaucoup de temps et de peine ; elle est utile aussi dans les mines, pour ouvrir un passage aux ouvriers qui vont chercher des métaux profondément enfouis sous des masses de rochers.

Je n'ai pas besoin de vous parler de l'emploi qu'on en fait à la chasse, soit qu'elle nous aide à détruire les bêtes féroces et malfaisantes, soit qu'elle serve à couvrir nos tables d'aliments délicieux et salutaires. Sous ses rapports les avantages de la poudre sont incontestables, mais il y a un triste revers à ce brillant tableau.

— Oui, s'écria Paul; on frémit en pensant à l'emploi de la poudre dans les batailles, et à la destruction des hommes qui en est la suite.

— Sans compter, ajouta Gustave, les accidents et les crimes

qu'elle amène ou sert à commettre.

— Vous avez raison, mes
amis, continua M. Baude ; à la
guerre c'est une chose terrible
de voir des bataillons renversés
par l'artillerie et la fusillade,
tomber comme des épis sous la
faux du moissonneur. Qui sait ce
que chacun de ces malheureux,
si facilement rayés du livre de
vie, avait coûté de soins, de lar-
mes, de longues nuits sans som-
meil ! ce qu'il a fallu de temps,
de patience et de sacrifices pour
en faire un homme ! Le fruit la-
borieux de tant d'années périt
en un moment : une once de
plomb, chassée par quelques

grains de poudre, suffit pour abattre le soldat le plus robuste. Autrefois, la vigueur, l'adresse, le courage, la présence d'esprit assuraient des chances diverses aux combattants : mais, dans la guerre moderne, tout dépend d'une balle qui vole, qu'on ne voit pas et qu'on ne peut éviter ; cette balle a été lancée au hasard par un ennemi faible, souvent même par un lâche, toujours par une main inconnue ; et l'homme le plus fort, le plus brave, le plus distingué succombe sans pouvoir faire un seul mouvement pour parer le coup invisible qui le renverse.

Les effets de la poudre ne sont pas moins effroyables dans le siége des villes; les plus solides remparts, les plus fortes tours n'arrêtent point le carnage; un boulet rouge porte l'incendie et la ruine à d'énormes distances, l'obus décrit dans l'air une courbe savamment calculée, puis éclate en semant la mort de tous les côtés à la fois. Mais ce n'est rien encore en comparaison de la mine qui fait sauter en l'air des pans de murailles, de hautes citadelles, et souvent même des villes tout entières.

— Oh! cela est affreux, s'écria le jeune Gustave.

— Oui, mon ami, continua M. Baude, des villes tout entières avec leurs habitants.

— Et de quelle manière cela se fait-il? demanda Paul.

— D'une manière très-simple, reprit le précepteur; ces rochers que vous avez vu sauter en l'air, il y a peu d'instants, vous en donnent une idée : on creuse la terre sous les fondements des édifices qu'on veut ruiner; on y dépose une certaine quantité de barils de poudre; une longue mèche, c'est-à-dire une corde enduite de soufre et d'huile inflammable, les met pour ainsi dire en contact; on la dispose de manière à pouvoir opérer l'explosion de la mine sans courir aucun danger. Quand le moment est venu, un mineur allume l'extrémité de la mèche; elle s'enflamme aussitôt, et le feu, courant le long de la corde, se communique rapidement à la poudre. Une détonation effroyable se fait entendre, la terre s'entr'ouvre, et tout ce qui se trouve au-dessus de la mine, remparts, maisons, murailles, villes tout entières, sont violemment arrachés de leurs bases et dispersés au loin.

Autrefois ce n'était qu'à force de temps et de patience qu'on prenait une place; des siéges duraient dix ans, comme celui de Troie, quand la famine ou la ruse ne mettait pas un terme à la résistance des assiégés. Aujourd'hui, grâce à la poudre, les guerres sont moins longues, parce qu'il n'y a plus de forteresse imprenable, dès qu'on veut recourir à la mine.

Vous connaissez l'histoire des deux siéges de Vienne par les Turcs, au dix-septième siècle, et peu s'en est fallu que cette grande ville, qui était alors la capitale de toute l'Allemagne, n'ait entièrement péri. Le visir Kara-Mustapha l'assiégeait, en 1683, à la tête d'une armée in-nombrable. Las de ses vains efforts et furieux de l'héroïque résistance des habitants, ce barbare ennemi résolut de miner une partie de la ville et de la faire sauter avec ses défenseurs. Cet affreux dessein était tout près de réussir quand il fut déjoué par un heureux hasard, ou plutôt par un coup du ciel.

— Et comment? s'écrièrent à la fois Paul et Gustave.

— Un boulanger, continue M. Baude, travaillait à pétrir son pain; c'était la nuit, et le plus grand silence régnait dans toute la ville. Quand il eut achevé son œuvre, il crut entendre sous la terre un bruit étrange. Il prêta l'oreille et s'assura qu'il ne s'était pas trompé. C'était comme des coups de marteau qui résonnaient sourdement, à des intervalles égaux. Sachant qu'il n'y avait point de caves sous la maison, ce bruit lui parut suspect; il alla sur-le-champ avertir le chef d'un poste voisin. Celui-ci accourut aussitôt, n'écouta qu'un moment et s'écria : C'est une mine! Dès qu'on n'entendit plus rien, il fit creuser la terre à l'endroit d'où ce bruit paraissait venir, et découvrit un souterrain dans lequel on avait amassé autant de barils de poudre qu'il en fallait pour faire sauter la moitié de la ville; il ordonna aussitôt de les retirer et de couper la mèche qui devait y mettre le feu. Par ce moyen Vienne échappa au plus pressant danger qu'elle eût jamais couru. Peu de temps après elle fut délivrée du siége par l'arrivée du fameux Jean Sobieski, roi de Pologne. Kara-Mustapha perdit presque toute son armée dans une grande bataille livrée sous les murs de la ville : il se retira vaincu, et le Grand-Seigneur le fit étrangler pour le punir de sa défaite.

Au commencement du même siècle, le roi d'Angleterre et les principaux personnages de son royaume échappèrent à un danger semblable. Mais vous con-

naissez déjà la célèbre CONSPIRA-
TION DES POUDRES.

— Oui, répondirent à la fois
les deux enfants, nous savons
qu'il a existé une conspiration
de ce nom; mais nous en igno-
rons les détails, et nous aime-
rions à les apprendre de votre
bouche.

— C'était en 1605, reprit
M. Baude, sous le règne de
Jacques Iᵉʳ, fils de Marie Stuart,
l'inforturnée reine d'Écosse. Les
troubles et les guerres cruelles
qui amenèrent en 1649 la san-
glante révolution d'Angleterre
avaient commencé depuis longtemps. L'Angleterre était divi-
sée en une foule de partis et de

sectes religieuses. Cependant, comme l'a dit un historien, l'avénement de Jacques Ier fut salué par tous avec une égale joie.

Mais cette joie ne devait point durer, car elle n'était fondée que sur l'espérance qu'avait chaque parti de voir le nouveau roi gouverner selon ses vues et humilier ses ennemis. L'impartialité de Jacques fit donc beaucoup de mécontents. Quelques hommes qui s'appelaient eux-mêmes catholiques, mais qui ne portaient ce nom que pour le déshonorer, formèrent alors le projet abominable de détruire d'un seul coup le roi, sa famille et tout le parlement.

Le premier auteur de cette idée atroce fut un certain Catesby, homme de mérite, à ce que dit l'histoire, et d'une noblesse ancienne. Il était intimement lié avec Thomas Percy, descendant d'une famille illustre du Northumberland. Un jour, dans une conversation qu'ils eurent ensemble sur le triste état du royaume, Percy, emporté par un mouvement de colère, alla jusqu'à dire qu'il fallait se défaire du roi. Catesby saisit aussitôt cette occasion pour lui communiquer le projet qu'il avait conçu.

— Nous défaire du roi, disait-il, ce serait un meurtre

inutile. Il a des enfants qui hé-
riteraient de sa couronne et de
ses maximes. La destruction
même de toute la famille royale
ne suffirait pas pour assurer le
bien du pays; il faut frapper du
même coup les barons et les
communes, c'est-à-dire les
membres des deux Chambres.
Ils se réunissent tous une fois
l'année pour l'ouverture du parlement, l'occasion est belle si
nous savons en profiter. Voici ce
que je propose à cet égard; c'est
un projet simple, d'une exécu-
tion facile et d'un résultat infail-
lible. Avec un petit nombre d'a-
mis dévoués nous ouvrirons une
mine sous la salle de Westmins-

ter, et au moment où le roi fera aux deux Chambres le discours d'usage, nous y mettrons le feu. La salle sautera, sans danger pour nous-mêmes et sans que nous soyons soupçonnés.

Il expliqua ensuite son projet avec plus de détails. Percy approuva tout, et convint avec son ami de ne communiquer leur plan qu'à un petit nombre d'hommes fermes, résolus et dévoués. Ils jetèrent d'abord les yeux sur Thomas Winter et l'envoyèrent en Flandre pour y chercher Fawkes, officier au service d'Espagne, dont le zèle et l'intrépidité leur étaient bien connus.

Dans le cours de l'année 1604, les conspirateurs louèrent, au nom de Percy, une maison voisine du palais de Westminster. Le 11 décembre de la même année, ils commencèrent leurs préparatifs. Dans la crainte d'être interrompus ou d'éveiller la défiance, ils firent d'abord un grand amas de provisions qui les mit en état de travailler sans relâche. Après de longs et pénibles efforts, ils avaient percé le premier mur des fondations du palais, quand, au milieu de leur travail, ils furent alarmés par un bruit dont ils ne comprenaient pas la cause et qu'ils entendaient au-dessus d'eux. Ils allèrent aux informations et apprirent que ce bruit partait d'une cave creusée sous la salle du parlement, où l'on avait établi un magasin de charbon. Ils surent aussi que cette marchandise une fois vendue, ce qui ne pouvait pas tarder beaucoup, la cave serait à louer. Percy n'eut rien de plus pressé que de la retenir pour en faire, disait-il, un magasin de bois. Dès qu'elle fut vide, les conspirateurs y déposèrent trente-six barils de poudre cachés avec soin sous des tas de fagots et des bûches, et la cave resta ensuite ouverte comme elle l'avait été jusque-là.

Assurés du succès, ils s'occupèrent d'organiser toutes les parties de leur complot. Le roi, la reine et le prince de Galles devaient assister à l'ouverture du parlement; mais le second fils du roi étant encore trop jeune pour se trouver à cette cérémonie, Percy fut chargé de le saisir et de le mettre à mort. La princesse Elisabeth, qui n'était aussi qu'un enfant, était élevée chez milord Karrington, dans le comté de Warwick; le chevalier Evenard Digby, Kookwood et Grant, qui faisaient partie des conjurés, promirent d'assembler leurs amis sous le prétexte d'une partie de chasse, et de s'emparer de cette princesse afin de la proclamer reine.

Le mois d'octobre approchait et rien n'avait transpiré, tant le secret, quoique répandu entre plus de vingt personnes, avait été religieusement gardé pendant l'espace de dix-huit mois. Nul remords, nul sentiment d'humanité n'avait pu engager aucun des conjurés à renoncer à l'entreprise ou à la révéler. Tout était prêt, et les assassins se croyaient déjà au terme de leurs vœux, quand un avis, dont l'auteur est demeuré inconnu, déjoua leurs projets homicides et sauva l'Angleterre d'un horrible massacre. Dix jours avant l'ou-

verture du parlement, lord
Monteagle, fils du lord Morley,
reçut une lettre anonyme dans
laquelle on le conseillait de ne
point se trouver à Westminster
pour l'ouverture des deux
Chambres, mais de se retirer
dans ses terres et d'y attendre
les événements. « Quoiqu'il n'y
ait aucune apparence de trou-
ble, ni aucun bruit de complot,
lui disait-on, gardez-vous, si
vous tenez à la vie, de négliger
cet avertissement qu'un inconnu
vous donne par affection pour
vous et pour quelques-uns de
vos amis; un coup terrible et
inattendu frappera le parlement,
et son effet sera d'autant plus

sûr qu'on ne verra pas d'où il partira ; que Dieu vous fasse la grâce de vous aimer assez vous-même pour profiter de cet avis. »

Lord Monteagle ne fut pas tranquille après avoir lu cette lettre. Quoique assez porté à croire qu'on avait voulu l'effrayer par une fausse alarme et le rendre ridicule, il jugea que le parti le plus sage était de remettre la lettre au secrétaire d'État, lord Salisbury. Ce ministre ne la jugea point digne d'attention ; mais le roi pensa tout autrement. Le style mystérieux de la lettre lui fit croire qu'elle renfermait quelque avis sérieux ; ces mots de COUP TER-

RIBLE ET INATTENDU QUI FRAPPE
SANS QU'ON VOIE D'OU IL PART lui
donnèrent aussitôt l'idée de la
poudre. Il ordonna au comte de
Suffolk, lord chambellan, de
visiter lui-même les voûtes qui
se trouvaient sous les salles du
parlement. Lord Suffolk crut
qu'il était prudent d'attendre
jusqu'à la veille de l'assemblée,
pour ne point éveiller les soup-
çons. Quand il entra dans la
cave louée par Thomas Percy,
l'immense quantité de bois à
brûler qui s'y trouvait lui parut
d'abord suspecte, surtout à
cause de la brièveté du séjour
que le locataire faisait ordinai-
rement à Londres. En conti-

nuant les recherches, il aperçut
dans le coin le plus obscur de
la cave un homme dont le re-
gard terrible et la contenance
hardie le frappèrent; c'était
Fawkes, qui, interrogé par lui,
se fit passer pour un domesti-
que de Thomas Percy. Ces deux
circonstances l'engagèrent à visiter la cave entière avec plus
de soin. Il manda le juge de
paix de Westminster, sir Thomas Knevet : cet officier com-
mença par ordonner l'arrestation de Fawkes. Puis il fit en-
lever tous les fagots, sous les-
quels on découvrit avec effroi
les trente-six barils de poudre.
Alors on fouilla Fawkes, et l'on

trouva dans ses poches un briquet, des mèches soufrées, en un mot, tout ce qui était nécessaire pour faire éclater la mine. Se voyant découvert, il exprima le regret de n'avoir pas mis le feu aux poudres pendant qu'il était libre encore, afin de vendre chèrement sa vie. Traduit devant une commission chargée de l'interroger, il conserva le même courage ou plutôt la même férocité, traita ses juges avec le mépris le plus insultant, et refusa de nommer ses complices. Cette obstination se soutint pendant deux ou trois jours. Mais la solitude de son cachot, le désespoir de ne pou-

voir se sauver, la torture dont
on le menaçait, finirent par
abattre ce fier courage ; il avoua
toutes les circonstances du crime et nomma ses complices dans
une déclaration que l'histoire
nous a conservée.

La lettre adressée à lord Monteagle et ses premières conséquences ne parurent point à Catesby, à Percy, et aux autres
conjurés qui se trouvaient à Londres, des raisons suffisantes
pour abandonner leur projet.
Mais, au premier bruit des per-
quisitions faites dans la cave de
Westminster et de l'arrestation
de Fawkes, ils jugèrent le coup
manqué et partirent précipi-

tamment pour le Warwicksire. Digby, comptant sur le succès du complot, avait déjà pris les armes pour s'emparer de la princesse Elisabeth; mais elle avait trompé ses poursuites et s'était réfugiée à Coventry. Les conjurés durent alors changer de rôle et songer à se défendre. Ils s'enfermèrent au nombre de quatre-vingts dans une maison pour y vendre chèrement leur vie et y soutenir une espèce de siége contre les habitants du comté, qui s'étaient réunis en armes à la voix des shérifs. Cette lutte désespérée ne fut pas longue. Le feu prit aux muni- tions qu'ils avaient pour se défendre, et, par un singulier hasard, ou plutôt par une vengeance de Dieu, la plupart d'entre eux périrent du même genre de mort qu'ils avaient destiné à leurs concitoyens. Parmi ceux qui survécurent à l'explosion de la poudre, Catesby et Percy périrent en combattant, les autres furent pris, jugés et décapités.

— Ils le méritaient bien, s'écrièrent les deux enfants, car c'étaient de grands scélérats.

— Assurément, reprit M. Baude ; cependant il y a ici une distinction à faire : ces conjurés n'étaient point des hom-

mes naturellement cruels, ni
des scélérats vulgaires; ils ap-
partenaient à des familles ho-
norables, ils avaient reçu une
excellente éducation, et un auteur contemporain dit qu'avant
cet infernal complot, on les ci-
tait partout comme des hommes
de bien ; Catesby et Digby surtout
jouissaient de l'estime générale.
Mais c'est ici le cas de s'effrayer
de la violence des passions po-
litiques et du fanatisme religieux
qui égarent les âmes honnêtes
et les portent au crime. Aucun
de ces conjurés n'était capable
de dérober la plus petite pièce
de monnaie à son voisin, parce
que rien ne leur cachait la honte

attachée à une pareille action ;
mais tous étaient capables, et
ils l'ont prouvé, d'attenter à la
vie des plus grands personnages de l'Angleterre. C'est que ce
dernier crime s'offrait à leur
conscience et à leur piété mal
éclairées comme un acte géné-
reux qui devait assurer le bien
de la religion et du pays. Ce
motif sanctifiait pour ainsi dire
les moyens les plus atroces ; ils
se croyaient les vengeurs et les
héros de l'Eglise catholique,
alors qu'ils la déshonoraient
dans sa doctrine et dans sa mo-
rale, puisqu'elle a dit par la bouche de l'apôtre saint Paul : « Il
ne nous est pas permis de faire

du mal pour qu'il en résulte du bien. » C'étaient des malheureux qui n'avaient qu'un zèle aveugle ; ils mettaient les passions du monde au service d'une religion qui ne doit rien aux efforts de l'homme et dont Dieu seul se réserve d'étendre ou de resserrer les limites ; ils oubliaient enfin qu'elle ne doit ses progrès qu'aux miracles faits en sa faveur et au sang de ses martyrs : ils l'outrageaient en voulant la servir, ils devenaient les plus scélérats de tous les hommes par un faux principe de vertu.

Après ce récit, les deux enfants remercièrent M. Baude

et restèrent quelque temps à réfléchir sur les circonstances de cette fameuse CONSPIRATION DES POUDRES, puis ils entrèrent dans la maison d'un paysan pour y prendre un repas champêtre dont ils avaient besoin; car la marche et l'air vif des montagnes leur avaient donné un grand appétit. Après le déjeuner, la curiosité les reprit : ils demandèrent à leur précepteur de nouveaux détails sur l'objet qui les avait occupés depuis le matin.

— Si les accidents causés par la poudre sont terribles sur terre, dit M. Baude, ils le sont bien davantage sur mer, et surtout plus fréquents. Il n'y a pas de vaisseau de guerre qui ne soit sans cesse exposé à sauter; il suffit pour cela qu'une étincelle tombe dans cette partie du bâtiment qu'on nomme la Sainte – Barbe. Quelquefois, dans les combats maritimes, un boulet vient s'abattre dans le magasin à poudre, et alors la perte d'un seul vaisseau peut entraîner la dispersion de tout une flotte. Une simple imprudence produit souvent le même résultat; c'est ainsi qu'en 1800 la REINE-CHARLOTTE, superbe frégate anglaise, périt en vue du port de Livourne. Comme elle s'approchait de la côte, on vit tout-à-coup d'épais tourbillons de fumée sortir de la cale : c'était du foin humide qui s'était enflammé de lui-même. Tout ce qu'on put faire pour éteindre le feu ne servit de rien ; il eut bientôt gagné toutes les parties du bâtiment. Les marins de Livourne, voyant de loin ce qui était arrivé, se jetèrent sur des bateaux et firent force de rames pour venir au secours du vaisseau. Ils sauvèrent d'abord quelques personnes de l'équipage qui s'étaient lancées à la mer : mais bientôt l'incendie, qui gagnait de proche en proche, atteignit les canons et les fit tous partir. Les marins crurent qu'ils étaient chargés, ils s'éloignèrent aussitôt pour sauver leur propre vie. Cette retraite fut l'arrêt de mort de tout ce qui restait de l'équipage. Le feu prit au magasin à poudre, la frégate sauta avec un bruit épouvantable et couvrit la mer de ses débris, horrible mélange de membres déchirés et de planches encore fumantes.

Cet exemple, pris entre mille, vous donne une idée des malheurs que peut causer la poudre à canon.

— Ils sont affreux, s'écria Paul, et je crois qu'il vaudrait mieux que cette triste découverte fût encore à faire.

— Oui, et qu'on ne la fît jamais, ajouta Gustave.

— C'est parler bien vite, mes amis, reprit M. Baude; s'il fallait condamner tout ce qui peut produire quelque mal, je ne vois pas ce qui pourrait trouver grâce devant vos yeux; direz-vous, par exemple, qu'il serait à désirer que l'usage de la parole fût retiré à l'homme?

— Non, certes, reprirent les deux enfants; la parole est le plus beau don que Dieu nous ait fait, et sans elle...

— L'homme ne serait plus l'homme, continua M. Baude, il ne faudrait plus l'appeler âme parlante, comme l'Écriture le

nomme; ni articulateur, comme
dit Homère; le titre d'animal
raisonnable ne lui conviendrait
même plus, puisque parole et
raison ne sont au fond qu'une
même chose. Vous convenez
donc, mes amis, qu'il faut lui
laisser le privilége sublime qui
le fait roi de la création; je le
crois comme vous : cependant,
avec votre manière de raisonner,
c'est-à-dire en partant de cette
idée que tout ce qui est susceptible de mal devrait ne pas exis-
ter, il est évident qu'il faut condamner aussi la parole et souhaiter que Dieu nous la retire. Vous
connaissez l'apologue des lan-
gues; vous l'avez expliqué en

commençant l'étude du grec.
« La langue, dit Esope, est à la
fois la meilleure et la pire de
toutes les choses. » Si je la considère par son mauvais côté, je
suis effrayé de tout le mal qu'elle
peut produire ; et je ne finirais
pas si je voulais énumérer tous
les exemples que nous en
avons :

Je vois la sombre Envie à l'œil timide et louche
Versant sur des lauriers les poisons de sa bouche ;

je vois la haine, l'intérêt, la
ruse, la flatterie, l'orgueil, toutes les passions, tous les vices
abusant á leur profit de ce beau
présent du Ciel, la réputation
des hommes les plus purs atta-

quée, l'honneur des femmes com-
promis, les cœurs les plus sen-
sibles cruellement blessés par
des discours légers ou perfides,
par de faux rapports, des calom-
nies, des médisances, de froides
railleries. Un moraliste n'a-t-il
pas été jusqu'à dire : « La parole n'a été donnée à l'homme
que pour déguiser sa pensée? »
S'il en est ainsi, vraiment il faut
prier Dieu qu'il nous retire ce
don fatal, comme une arme fu-
neste qu'il nous aurait donnée
dans sa colère pour nous détruire et nous déchirer les uns
les autres. Ne le pensez-vous
pas comme moi?

— Oui, répondirent les en-

4

fants, si l'on ne voit la chose que de ce côté.

— A la bonne heure, mes amis : vous êtes donc maintenant du sentiment d'Esope. Eh bien ! il faut en dire autant de tout ce qui entre dans le domaine de l'homme ; on trouve partout l'abus à côté de l'usage légitime. L'imprimerie, pour prendre un autre exemple, vous paraît une des découvertes les plus utiles et les plus précieuses qu'on ait pu faire, n'est-il pas vrai ?

— Oui, certes, reprirent les deux enfants.

— Et cependant, qui n'est pas frappé des inconvénients nombreux qu'elle entraîne avec

elle? On a dit déjà qu'elle éter-
nisait les sottises des hommes
qui auraient dû être passagères
comme eux; mais c'est le moindre reproche qu'on puisse lui
faire; il y en aurait d'autres
bien plus sérieux à lui adresser.
Tous les maux produits par la
parole sont agrandis dans une
proportion effrayante par l'imprimerie, quand elle se met au
service des passions de l'igno-
rance, il n'y a point de vérité
qu'elle ne parvienne à obscur-
cir, point de mensonge qu'elle
n'accrédite; elle donne à l'erreur
des ailes rapides pour voler d'un
bout du monde à l'autre, et une
force pour durer toujours.

En conclurons-nous qu'il faut la condamner absolument et souhaiter qu'elle n'existe pas? à Dieu ne plaise! Nous devons dire seulement que l'imprimerie, comme l'écriture, comme la parole, comme toute chose humaine, a ses inconvénients et ses avantages, parce que tous les hommes ne sont pas également honnêtes et éclairés. Le méchant corrompt les meilleures choses, parce qu'il est corrompu lui-même; mais tout est pur à celui qui est pur. Au lieu donc de prier Dieu qu'il nous retire ses dons, il faut lui demander la grâce d'en user saintement, selon sa volonté, c'est-à-dire utilement pour nous et pour nos semblables. Car, puisque les choses ne sont mauvaises que par l'abus que nous en faisons, ce n'est pas elle qu'il faut détruire, mais c'est nous qu'il faut changer, afin que le mal disparaisse et que tout serve au bien.

Voilà ce qu'on doit dire de la poudre à canon ; je me suis fort étendu tout-à-l'heure sur les tristes effets que produit son usage dans les guerres modernes : mais en cela j'ai cherché à vous faire voir son mauvais côté ; pour être juste, et sans approuver la destruction violente de l'espèce humaine, de quelque manière qu'elle arrive, il faut ajouter à ce que j'ai dit précédemment, que les guerres sont moins longues depuis l'emploi de l'artillerie, et qu'il y a moins de sang versé dans les batailles. Quant à l'application de la poudre aux arts de la paix, les avantages en sont grands et incontestables; on peut dire qu'elle est sujette à des accidents; mais si, avec les soins et les précautions nécessaires, on peut les prévenir, il est peu raisonnable de s'en plaindre.

La conversation roula quelque temps encore sur cette matière, puis les trois promeneurs rentrèrent au château pour l'heure du dîner.

CHAPITRE III

Quelques jours après, M. Baude partit avec ses élèves pour se rendre aux Pyrénées, où se trouvait alors la comtesse de Saint-Remy. Toulouse étant sur la route, ils s'y arrêtèrent vingt-quatre heures pour en voir les curiosités. Après qu'ils eurent visité le Capitole, Saint-Etienne et Saint-Sernin, la cour royale et le palais de justice, le musée de peinture, le château d'eau, l'arsenal, le polygone, les

moulins et les usines qui sont
sur le fleuve, la personne qui
les accompagnait leur offrit de
les conduire à la poudrière. Cette
proposition fut reçue avec en-
thousiasme par les deux enfants.
M. Baude se procura tout de
suite l'autorisation nécessaire
pour être admis à visiter cet
établissement, situé hors de la
ville, dans une des belles îles de
la Garonne, au-dessus du port
Garaud.

A leur arrivée dans l'île, le
directeur de la poudrière les reçut avec politesse, et les mena
d'abord au moulin à poudre,
qui fonctionnait en ce moment;
il était en tout semblable aux

moulins ordinaires ; à cela près que les meules étaient en marbre très-dur, ainsi que la pierre sur laquelle elles étaient posées.

— Autrefois, leur dit le chef des travaux, au lieu de moudre les substances comme on le fait aujourd'hui, on les broyait dans les mortiers ; mais cette méthode, indépendamment de ce qu'elle était plus longue, ne donnait point un résultat aussi satisfaisant que le procédé actuel, qui est aussi moins dangereux.

Ces matières que vous voyez entrent dans la composition de la poudre ; on les mêle ensemble dans une proportion déterminée; seize parties de salpêtre, trois de charbon, et deux de soufre, ou, pour parler plus clairement, seize livres de la première substance, trois de la seconde, et deux de la troisième donnent vingt-une livres do poudre ordinaire. Le salpêtre est donc l'élément principal; il contient beaucoup d'air, qui en prenant feu s'échappe avec force et produit l'explosion. Le soufre qu'on y joint rend le salpêtre plus inflammable. Quant au charbon pulvérisé, c'est un in-termède chimique qui sert à lier les deux autres substances.

Pour opérer le mélange et la combinaison parfaite de ces trois

éléments, on les jette ensemble
sous la meule, dans la proportion que je vous ai dite, pour les
broyer et les réduire en une
poussière aussi fine que possible ; on a bien soin, pendant cette
opération, de les tenir sans
cesse humectés, de peur qu'ils
ne s'enflamment à la chaleur
produite par les frottements.
Quand le mélange a été bien fait
et que toutes les substances sont
parfaitement liées et fondues
l'une dans l'autre, alors on les
passe dans des cribles ou tamis
de différentes grosseurs qu'une
roue fait tourner, et qui, par
un mouvement de rotation me-
surée, les réduisent en petites

boules semblables à des graines de pavot; c'est la poudre, il ne reste plus qu'à la faire sécher doucement au soleil, et à la mettre en magasin.

La poudre dont je vous parle est la poudre ordinaire, dans ses diverses qualités, c'est-à-dire celle dont on se sert pour la chasse, pour la guerre et pour les travaux des mines. Elle a bien de la force : mais comme le génie de l'homme ne s'arrête jamais, on a trouvé le moyen de lui en donner davantage par des procédés modernes, au moyen desquels on obtient une poudre concentrée cinquante fois plus forte que la poudre ordinaire.

— Si vous voulez maintenant, ajouta le chef des travaux, je vais vous faire voir le magasin.

Il prit un gros trousseau de clefs, et conduisit les visiteurs à un autre bâtiment situé à quelque distance du premier. Les enfants parurent surpris de trouver une sentinelle qui en gardait l'entrée.

— C'est une mesure de prudence indispensable, reprit l'homme qui les conduisait; si le premier venu pouvait pénétrer dans le magasin à poudre, il en résulterait infailliblement les plus grands malheurs. C'est pour les prévenir qu'une sentinelle veille nuit et jour à la porte, afin de ne laisser entrer personne sans permission. Il est de plus défendu, et cela sous punition, de fumer à une certaine distance, parce qu'une étincelle pourrait voler dans le magasin et causer une épouvantable catastrophe.

Quand ils furent arrivés devant la porte d'une salle voûtée qui était le magasin à poudre, le chef leur demanda s'ils avaient des clous à leurs chaussures.

— Oui, répondirent-ils, nous avons même des fers aux talons de nos bottes.

— Alors, reprit leur guide,

il faut les ôter et mettre à vos pieds ces sabots ; car il y a défense rigoureuse de recevoir dans le magasin à poudre aucune personne ayant du fer à sa chaussure, de peur que son frottement contre le pavé ne fasse jaillir une étincelle qui, en tombant sur la poudre, ferait sauter le magasin.

M. Baude et ses jeunes gens quittèrent leurs bottes et chaussèrent de légers sabots pour entrer dans la salle voûtée. Là ils virent un nombre considérable de barils de toutes les grandeurs, contenant diverses qualités de poudre. Dans une salle voisine on faisait les cartouches pour l'armée; dans une autre on préparait les gargousses, les bombes, les grenades, et tout ce qui tient au service de l'artillerie. Les jeunes visiteurs considérèrent avec attention et avec plaisir tous ces détails; ce qui les frappa surtout, ce fut l'ordre qu'ils remarquèrent dans toutes les parties du travail, et les précautions minutieuses qu'on prenait pour éviter les accidents.

— On n'en saurait trop prendre, dit un vieux soldat allemand qui travaillait à faire des cartouches; la moindre imprudence, le moindre oubli, sont chèrement payés quand il s'agit de la poudre; on l'a bien vu à Leipsick, en 1796.

— Qu'est-il donc arrivé? s'écrièrent en même temps Paul et Gustave.

— La poudrière a sauté, reprit le vieil Allemand. Avec la permission de M. le directeur, je vous raconterai cette histoire, et je la connais bien, car j'étais sur les lieux.

Le directeur lui permit sans peine de satisfaire la curiosité des jeunes visiteurs.

— C'était le 13 septembre, dit l'ouvrier; une détonation terrible répandit tout-à-coup l'épouvante dans la ville de Leipsick, et se fit entendre à plus de dix lieues; le sol trembla, plusieurs maisons s'écroulèrent dans la partie basse de la ville, les portes et les fenêtres furent brisées. Quand le premier moment de stupeur fut passé, on regarda de tous côtés pour savoir ce que c'était : on aperçut au midi de la ville une immense colonne de feu qui se dressait au milieu d'un océan de fumée, et que le vent du sud poussait impétueusement vers la partie centrale de Leipsick. « C'est la poudrière qui a sauté, » s'écria-t-on d'abord; et l'on se mit à courir au secours des malheureux que cette catastrophe avait frappés. A mesure qu'on descendait vers la ville basse, on se sentait comme étouffé d'une épaisse vapeur de salpêtre et de soufre qui infectait l'air ; une foule misérable encombrait les rues. Hommes, femmes, enfants, vieillards, fuyaient leurs maisons croulantes ou embrasées. Quand on arriva sur le théâtre même de ce grand désastre, il ne restait plus du magasin à poudre que des ruines fumantes ; ce bâtiment si vaste s'était comme évanoui ; il n'en demeurait pas pierre sur pierre, et ses débris avaient été lancés en l'air avec tant de force qu'ils étaient répandus sur un espace de plus de cinq cents toises.

Deux mille cinq cents kilos de poudre, une quantité considérable de caissons chargés de cartouches, de bombes et de grenades, des masses énormes de soufre et de salpêtre s'étaient enflammés à la fois. Toutes les maisons environnantes avaient eu plus ou moins à souffrir, soit de la seçousse produite par l'explosion, soit de la chute des débris lancés au loin. Plusieurs ouvriers avaient péri, ainsi que trois soldats et un sous-officier nommé Haug : il y eut aussi un grand nombre de blessés. Si l'accident fût arrivé seulement un quart d'heure plus tôt, le nombre des victimes aurait sans doute été bien plus grand ; car un détachement de soldats chargés de conduire plusieurs caissons venait de quitter la poudrière, et ceux qui périrent les attendaient pour les aider à faire un second chargement.

— Savez-vous comment cet affreux malheur était arrivé ? demandèrent ensuite les deux enfants.

— Par l'imprudence du garde-magasin, reprit le vieux soldat, et par l'opiniâtreté aveugle de ce même sous-officier nommé Haug, qui fut une des victimes. Le garde-magasin n'était pas assez sévère et semblait ne pas comprendre l'importance de ses fonctions; logé tout à côté de la poudrière, il en employait les bâtiments à toutes sortes d'usages; il ne craignait pas d'y déposer les produits de ses ré- coltes et ses instruments de labourage; il donnait à ses voi- sins le même droit, et leur per- mettait d'étendre leur linge dans les greniers. La clef du magasin était à la disposition de ceux qui la voulaient prendre, et cha- cun pouvait y entrer à toutes les heures du jour; c'était déjà de sa part une grande négligence, mais il y mit le comble en livrant une des salles de la poudrière à ce sous-officier dont je vous ai déjà parlé. Cet homme, naturellement brutal et fort adonné au vin, s'occupait, quand il ne buvait pas, à faire de petites pièces d'artifice qu'il vendait aux enfants pour avoir de quoi boire. Comme cette industrie, surtout entre ses mains, était dangereuse pour le voisinage, le propriétaire de la maison qu'il habitait lui fit défense de se livrer chez lui à ce genre de travail. Profitant alors de la facilité avec laquelle on entrait dans le magasin à poudre, il choisit une des salles et en fit son atelier; le garde ne trouva rien à redire et lui laissa toute liberté à cet égard. Avec tout autre que lui, cette complaisance eût été sans danger; mais ce Haug était le plus étourdi de tous les hommes; son état continuel d'ivresse l'exposait à commettre mille imprudences; grossier et violent, il lui était impossible de se soumettre à aucune règle, d'écouter aucune représentation. Il allait et venait dans le magasin avec des bottes ferrées, et employait indifféremment le fer et le bois pour fabriquer ses pièces d'artifice.

Le jour même de l'explosion, il travaillait comme à l'ordinaire dans la salle qu'on lui avait abandonnée. Un des artilleurs qui étaient venus pour emmener les caissons remplis de poudre

fut frappé de son peu de précau-
tion et lui fit là-dessus de sages
remontrances : il lui représenta
surtout qu'il ne devait pas marcher avec des bottes garnies de
clous et d'éperons sur un pavé
couvert de pulvérin, mais prendre des sabots ou aller pieds nus,
afin de prévenir les accidents.
Haug, qui était ivre, ne fit d'a-
bord que rire au nez de l'artilleur, en lui disant qu'il savait
mieux que personne ce qu'il
avait à faire; puis, l'autre le me-
naçant d'aller porter plainte au
directeur, il se jeta sur lui avec
colère et le fit sortir de la salle.
L'artilleur courut aussitôt pour
faire ce qu'il avait dit; mais il

n'en eut pas le temps, car, au moment où il arrivait à la porte du directeur, le bruit effroyable de l'explosion lui apprit que le malheur qu'il avait craint venait d'arriver.

On ne saurait dire de quelle manière le feu avait pris aux poudres; mais tout porte à croire que l'imprudent sous-officier fut l'auteur de cette catastrophe, comme il en fut aussi la victime.

-— Mes amis, reprit le directeur, si ce brave homme ne vous avait raconté ce qu'il avait vu dans son pays, je vous raconterais ce que nous avons vu ici, il y a déjà plusieurs années :

Toulouse n'a rien à envier à
Leipsick, elle a éprouvé le même
malheur. Sa poudrière a sauté
par une négligence pareille;
mais le nombre des victimes a
été bien plus considérable; car
c'était un beau jour de fête, et
les environs de la ville étaient
pleins de promeneurs. Il y avait
même beaucoup de monde sur
la rivière et dans l'île, au moment de l'explosion. Le souve-
nir en est encore tout frais dans
la mémoire des habitants; ils se
feront un plaisir de vous raconter l'histoire touchante de deux
jeunes fiancés, dont les deux
familles s'étaient donné rendez-
vous à la poudrière, la veille du

jour fixé pour leur mariage ; au moment où la jeune fille traversait la Garonne avec sa mère et regardait son fiancé qui l'attendait sur l'autre rive, au milieu de ses parents, l'explosion terrible se fit entendre. Les deux jeunes fiancés périrent en même temps, du même coup, et leurs corps sanglants furent retrouvés à une grande distance l'un de l'autre.

Malgré l'impression que ces récits faisaient sur l'esprit des deux enfants, le directeur s'aperçut qu'ils jetaient un œil d'envie sur de petits barils fort élégants qui contenaient une livre de poudre de chasse.

— Si vous étiez plus âgés de quelques années, leur dit-il, je vous offrirais d'en emporter quelques-uns, parce que je vois qu'ils vous font plaisir. Mais vous êtes trop jeunes encore pour manier une substance aussi dangereuse, et je ne voudrais pas vous exposer à quelque malheur; il ne faut la confier qu'à des hommes, et encore aux plus sages. Quant au mauvais usage que les enfants peuvent faire de la poudre, nous en avons de tristes exemples. En voici un qui ne remonte pas à plus de huit jours, et qui a plongé dans le deuil une famille de bons paysans. A trois lieues

d'ici, dans un petit village situé
à mi-côte, sur la rive droite de
l'Ariége, quelques femmes et
quelques jeunes filles s'étaient
réunies le soir pour la veillée.
Pendant qu'elles s'occupaient à
filer, à tricoter et à coudre, en
racontant quelque pieuse histoire, le fils d'un métayer du
voisinage entra dans la cham-
bre; c'était un jeune garçon de
douze ans, fort aimable et fort
étourdi : après avoir fait mille
espiègleries, pour amuser les
travailleuses ou plutôt pour s'a-
muser lui-même à leurs dépens,
il prit un fusil qui se trouvait là
suspendu à la muraille, et se
mit à le tourner entre ses mains,

sans réfléchir qu'il pouvait être chargé. Le fils de la maison lui dit aussitôt de prendre garde, mais il n'en tint pas compte, et continua de jouer avec son arme; il eut enfin l'extrême imprudence de la diriger sur une des jeunes filles, et la menaça en riant de la tuer. Il ne le voulait pas, sans doute; mais, comme il mettait son fusil en joue, le coup partit, et la malheureuse tomba aussitôt baignée dans son sang; quelques grains de plomb allèrent aussi frapper un enfant qui dormait sur les genoux de sa mère, et qui est maintenant estropié pour la vie. Quant à la jeune fille, elle est

morte une demi-heure après,
dans des souffrances épouvan-
tables. Jugez quelle a dû être la
douleur de cet imprudent garçon ; il ne fait plus que pleurer
et gémir ; on croit qu'il ne se
consolera pas du double malheur
qu'il a causé.

Cette histoire, malheureusement trop vraie, tempéra la con-
voitise que donnait aux deux
enfants la vue des petits barils
de poudre. Ils remercièrent po-
liment le directeur de sa complaisance, et continuèrent leur
voyage.

PHÉNOMÈNES ÉLECTRIQUES.

Chacun a été témoin de ces phénomènes dont l'éclair et le bruit illuminent tout-à-coup et font retentir l'atmosphère, frappant d'une mort instantanée les êtres qu'ils ont atteints, bouleversant parfois les édifices qu'ils sillonnent de leur feu ; accidents rares, il est vrai, depuis que la découverte de Franklin préserve nos monuments et une partie de nos habitations.

Un effet utile, moins connu sans doute, mais plus constant, découle de ces grands chocs électriques.

Cet effet réside dans les combinaisons qui s'effectuent entre certains éléments gazeux contenus dans l'air atmosphérique; des vapeurs s'engendrent alors, se condensent et sont précipitées avec les eaux pluviales; bientôt celles-ci pénètrent dans le sol, entraînant l'engrais formé par la détonation. Les plantes assimilent et solidifient ces liquides azotés, produisant avec eux de nouvelles substances nutritives dont les animaux, à leur tour, pourront disposer.

Ainsi donc, les catastrophes que le tonnerre occasionne sont des exceptions, tandis que ses bienfaits entrent régulièrement dans les lois divines qui régissent et maintiennent les magnifiques harmonies de la nature.

On peut reproduire dans les laboratoires les principaux effets du tonnerre, mais seulement en miniature; et cela est peu regrettable, car jusqu'ici ces expériences curieuses n'ont réalisé aucune application économique.

Mais sous une forme bien différente, étudiée plus récemment, l'électricité commence à rendre d'immenses services aux hommes.

C'est qu'elle peut agir tout autrement par un courant continu : dans un silence profond, invisible, plus vite que l'éclair, dont la lueur parcourt près de quatre-vingt mille lieues par seconde, l'électricité manifeste alors son passage en donnant à une foule d'objets inertes jusque-là, le pouvoir d'attirer et de fixer d'autres objets, comme s'ils les eussent, par une volonté forte, choisis d'avance.

Déjà les courants électriques, dirigés tantôt au sein de liquides froids, tantôt au travers de masses en fusion ignée, peuvent séparer économiquement les métaux purs et ductiles des minerais bruts.

Par d'autres procédés encore, le métal pur que le galvanisme dépose, se moule sur les plus minimes insectes, en reproduisant leurs formes et sans altérer leurs délicats organismes; ce moulage à froid reproduit maintenant de jolies figurines et des statues.

Depuis l'application de ces propriétés remarquables, on peut apercevoir dans des ateliers vastes et paisibles quelques ouvriers livrant à ces courants inaperçus, au milieu de bains immobiles, des pièces de métal ou d'alliages économiques. Cel-

les-ci attirent aussitôt d'innom-
brables particules d'or et d'ar-
gent, dont la couche augmente
au gré de l'opérateur, et préci-
sément dans les points où il
veut épaissir le métal précieux.

Quand on voit sortir de ces
bains magiques tant d'objets
brillants, destinés à répandre
l'usage d'ustensiles salubres,
des bijoux, des ornements aux
formes attrayantes, qui élèvent
et épurent le goût, des bronzes
dorés, des services de table, qui
embellissent nos modestes de-
meures et les châteaux des prin-
ces, on se sent heureux d'ap-
partenir au siècle qui enfante de
telles merveilles

Plus heureux encore si l'on songe qu'une des conséquences de ces innovations est de restreindre chaque jour l'emploi des anciens procédés de dorure, de ces procédés qui, exhalant des vapeurs délétères, détruisent peu à peu la santé des hommes chargés de ces pénibles travaux.

Ces applications nombreuses, émanées de Genève, de Londres et de Paris, composent une brillante auréole autour du nom de Volta.

On a trouvé une application bien plus étonnante encore des courants électriques.

Donnant l'impulsion première

à l'aide de quelques petits vases où s'opère une dissolution chimique, on dirige l'électricité vers un fil de métal, et, quelle que soit sa longueur, un courant aussitôt le parcourt avec une vitesse telle, qu'entre le départ et l'arrivée jusqu'à trente lieues et le retour au travers du sol, il ne s'écoule pas un instant déterminable pour nous : aussi l'effet cesse-t-il presque subitement, dès qu'on supprime, à l'extrémité de cette ligne, la communication avec le petit appareil producteur du courant.

On peut donc à volonté arrêter et reproduire ces courants électriques.

En circulant à l'extrémité de la ligne, autour d'une barre, ils en font un aimant qui attire aussitôt et soulève un levier, puis le laisse retomber dès que le courant cesse de l'animer. On voit combien il est facile, à toutes les distances, de transmettre des nombres, des lettres, placés à intervalle fixe, des lignes de longueurs inégales, des chocs sonores, et par conséquent tous les signaux, tous les mots obtenus des lettres de l'alphabet, et de plus, en frappant sur un timbre, un bruit qui appelle l'attention.

Dès lors de nombreuses combinaisons se sont offertes aux

méditations des hommes spé-
ciaux, et déjà ils ont établi, sur
différents systèmes, des corres-
pondances instantanées ; on
peut, au moyen de lettres, de
mots et de phrases successives,
envoyer les nouvelles libres ;
tandis qu'à l'aide d'une repro-
duction facile des signaux par
de petites figures, on transmet
les documents mystérieux ; ces
derniers sont traduits exclusi-
vement par les personnes ini-
tiées au système encore inimi-
table de la télégraphie fran-
çaise.

Sous la forme de courants
muets, l'électricité opère, comme on le voit, des prodiges

appliqués aux besoins et aux plaisirs des hommes, à la sûreté publique, aux travaux des administrations centrales. Parmi les occasions si fréquentes, et que chacun devine, d'expédier des avis rapides sur les lignes des chemins de fer, nous citerons un seul exemple remarquable : une terrible catastrophe fut annoncée sans détails, en Angleterre ; au bureau du départ correspondant avec le lieu où se trouvait un pensionnat, on vit accourir des mères éplorées ; elles lurent aussitôt cette réponse providentielle, revenue à l'instant même de plusieurs lignes, par le télégraphe électrique :

TOUS LES ENFANTS SONT SAUVÉS.

Ainsi, de nos jours, l'homme peut transmettre à toutes les distances sur les continents qu'il habite, malgré les intempéries des saisons et l'obscurité des nuits, ses avis, ses ordres et son action, plus rapides que l'oiseau voyageur, que le vent des orages, que la lumière des cieux.

LA CHAINE.

Jean Simon n'avait que douze ans et sa conduite faisait craindre déjà qu'il ne devînt un audacieux voleur; quand il apercevait quelque chose à sa convenance, il guettait le moment de s'en servir et s'en emparait aussitôt. Aussi avait-il la plus mauvaise réputation possible, et chacun lui prédisait que s'il continuait de se livrer à ce penchant criminel, il finirait ses jours parmi les galériens. Toutes les répri-

mandes n'avaient pour effet
auprès de Jean Simon que de
le rendre plus attentif à ne
point se laisser découvrir; il
ne cessait pas de voler, mais
il tâchait de voler plus adroite-
ment.

Un jour, en passant devant
la boutique d'un serrurier, il
aperçut un bout de chaîne sur
le pavé; le petit voleur s'assura bien si personne ne pouvait l'apercevoir, et quand il
se fut convaincu qu'il était
seul, il mit la main sur la
chaîne, qu'il voulait subtile-
ment cacher sous sa blouse.
Mais à peine l'eut-il touchée,
qu'il poussa un cri de dou-

leur : la chaîne était brûlante!
Au bruit, le serrurier accourut
et le vit qui soufflait sur ses
doigts.

— Ah! je t'y prends, lui
dit-il, tu voulais me dérober
ma chaîne; tu n'avais pas de-
viné, petit voleur, que je l'a-
vais mise là au sortir de la
forge pour la faire refroidir.
Si tu t'es brûlé, tu n'as que ce
que tu mérites. Vraiment, il
serait à souhaiter pour toi que
chaque fois que tu veux voler, pareille chose t'arrivât,
cela te corrigerait peut-être!

FIN.

TABLE.

—

FIN DE LA TABLE.

Limoges. — Impr. Eugène Ardant et Cⁱᵉ.

Original en couleur

NF Z 43-120-8

www.ingramcontent.com/pod-product-compliance
Lightning Source LLC
Chambersburg PA
CBHW032325210326
41519CB00058B/5760